GUIDE

INDISPENSABLE AU CULTIVATEUR

POUR

TRIPLER LE REVENU DES TERRES

SANS AUGMENTATION SENSIBLE DE DÉPENSE,

Par **TRÉBOUL**,

Architecte-Manufacturier, à Beaune (Côte-d'Or).

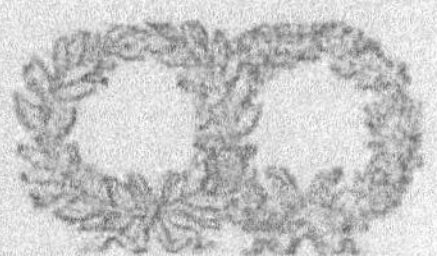

BEAUNE,

LIBRAIRIE DE BLONDEAU-DEJUSSIEU,

Place Monge, 20, au fond de la cour,

ET CHEZ L'AUTEUR.

1852

AU LECTEUR.

J'avais, dès 1850, formé le projet de provoquer la création de féculeries, celles qui existent ne pouvant suffire aux besoins du commerce et de la consommation des fécules, dont le prix va toujours croissant. Retiré à Beaune, près de ma ville natale, sur la fin de 1851, je communiquai mon projet à M. le Préfet de la Côte-d'Or ; il daigna l'accueillir, en le renvoyant à la Société d'agriculture de Dijon, pour avoir un rapport sur son importance.

Après être resté plus de six mois entre les mains de la Commission nommée par cette Société, mon Mémoire m'est renvoyé par M. le Conseiller de préfecture Toscan, avec la lettre suivante :

Dijon, 13 mai 1852.

PRÉFECTURE
de la
CÔTE-D'OR.

1re DIVISION.

BUREAU
d'administration générale.

AGRICULTURE.
SUCRE DE FÉCULE.
GLUCOSE.

Monsieur,

Conformément au désir exprimé dans votre lettre du 1er avril dernier, j'ai l'honneur de vous faire part des observations que vient de m'adresser la Commission chargée d'examiner votre projet d'établissement de féculeries communales.

« Avant de se prononcer, cette Commis-
» sion (m'écrit le Rapporteur), voulait faire
» elle-même l'épreuve des moyens par vous
» proposés, et vous a demandé :

« 1° La description et le plan des appa-
» reils économiques avec lesquels vous es-

« pérez mettre un ouvrier, n'ayant d'autres ressources que « celle de ses bras, à même de lutter contre le manufacturier, « qui dispose de puissantes machines et d'outils perfectionnés;

« 2° L'indication des débouchés suffisants pour assurer au « laboureur le placement avantageux d'un nouveau produit, « qui étendrait le champ de son industrie. Elle se réservait « d'étudier ensuite, au point de vue des intérêts généraux et « des améliorations de la culture, ce qu'il pourrait y avoir « d'applicable dans vos idées.

« Mais cette Commission n'a reçu de vous, malgré ses ins- « tances, aucune réponse qui satisfasse à ses questions; elle « se voit donc aujourd'hui dans l'impossibilité de rédiger un « rapport sur ce premier travail. »

Je vous transmets ci-joint votre manuscrit du *Guide indispensable aux cultivateurs à l'égard de la pomme de terre*, manuscrit dont M. Lebrun, membre du Comité central d'agriculture de Dijon, était dépositaire.

Agréez, Monsieur, etc.

Pour le Préfet en congé :
Le Conseiller de préfecture, secrétaire-général délégué

Signé : **TOSCAN**.

Je trouve inscrit sur le dos du manuscrit la liste ci-après :

MM. Delarue, *rapporteur chimique*.
Gaulin.
Guillemin.
Pillot.
Sené.
Varembey.
Vallot.
Lebrun, *rapporteur, mécanique et industrie agricole*.

A Monsieur le Préfet de la Côte-d'Or.

Je remercie M. le Préfet de l'intérêt qu'il a pris au projet que j'ai eu l'honneur de soumettre à sa bienveillance, pour venir au secours de l'agriculture et des classes les plus intéressantes de l'humanité, celles qui souffrent.

Lorsque ces souffrances peuvent être soulagées, et que ce qui s'y oppose provient d'erreurs plus ou moins susceptibles d'indulgences, ces erreurs sont tolérables; mais lorsqu'elles sont de la nature de celles commises par le père Loriquet, *qui, du maître de l'Europe, fait un lieutenant de Louis XVIII*, elles doivent être combattues, bien que le ridicule en fasse tôt ou tard justice.

Telle est, M. le Préfet, la position que s'est créée M. le Rapporteur nommé par la Société d'agriculture de Dijon, au sujet des Mémoires que vous lui avez communiqués pour avoir son avis.

Dans le deuxième alinéa de son honorée du 13 mai dernier, M. votre délégué s'exprime ainsi :

« Avant de se prononcer, cette Commission (m'écrit son Rap« porteur), voulait faire elle-même l'épreuve des moyens par « vous proposés, et vous a demandé :

« 1° La description et le plan des appareils économiques « avec lesquels vous espérez mettre un ouvrier, n'ayant d'au« tres ressources que ses bras (M. le Rapporteur exagère), à « même de lutter contre le manufacturier, qui dispose de puis« santes machines et d'outils perfectionnés (Je le prouve par « des faits);

« 2° L'indication des débouchés suffisants pour assurer au « laboureur le placement d'un nouveau produit, qui étendrait « le champ de son industrie (Il paraît que M. le Rapporteur « ignore complètement tout ce qui se passe à l'égard de la « fécule). Elle se réservait d'étudier ensuite, au point de vue « des intérêts généraux et d'amélioration de la culture, ce « qu'il pouvait y avoir d'applicable dans vos idées.

« Mais cette Commission n'a reçu de vous, malgré ses ins« tances, aucune réponse qui satisfasse à ses questions; elle « se voit donc, aujourd'hui, dans l'impossibilité de rédiger un « rapport sur ce premier travail. »

La chose est claire, M. le Préfet; le résumé du rapport est tout dans mon mauvais vouloir.

Mais, pour soutenir dignement ce qu'il avance, il faudrait que M. le Rapporteur eût la puissance de faire que ce qui a eu lieu n'ait pas existé.

Appelé au sein de la Commission, pour répondre à toutes les questions qu'il lui conviendrait de m'adresser, il ne s'est élevé entre elle et moi aucune discussion contradictoire; j'ai satisfait à toutes les questions qui m'ont été posées; je dois du moins le croire, puisque M. le Président, après avoir reconnu l'unanimité de l'adoption du projet, me demanda l'autorisation de faire imprimer et répandre le Mémoire qui faisait l'objet de la délibération.

J'affirme donc sur l'honneur, et j'en appelle à cet égard à MM. les Membres présents à la séance, que je ne me suis point refusé à produire la description et le plan des appareils, etc., puisque cette demande ne m'a été faite ni oralement, ni par écrit, et que, si elle m'eut été adressée, je me serais fait un devoir d'y satisfaire; mais comme il faut que la vérité se montre dans tout son jour, voici ce qui est arrivé :

Me trouvant à Dijon, et désirant savoir où en était cette affaire, je fis une visite à M. Délarue. — Vous avez reçu, me dit-il, une lettre de la Commission? — Non. — Vous la recevrez incessamment, car elle désire expérimenter votre appareil. Ma réponse fut toute naturelle. — Il me semble, lui dis-je, que la Commission n'a pas besoin d'expérimenter une fabrication dont les résultats sont parfaitement connus; il ne s'agit, pour elle, que de constater si ceux que j'indique sont vrais ou faux; les choses en restèrent là, et j'attendis la lettre qui m'avait été annoncée.

Après huit jours, ne recevant rien, je crus devoir prendre l'initiative, en écrivant à M. le Président de la Commission. Je lui disais qu'il me semblait, qu'à l'égard de la partie mécanique les questions d'économie et de rendement étaient connues; qu'il ne pouvait s'élever aucun doute sur leurs résultats; que, suivant moi, là n'était pas la véritable question; qu'elle devait être envisagée sous le point de vue de l'intérêt général, en venant au secours de la petite agriculture dans les contrées maigres et reculées.

Qu'il était incontestable que la culture de la pomme de terre décroissait d'une manière inquiétante pour l'avenir; que le meilleur moyen à employer, pour vaincre l'apathie des cultivateurs, était de les éclairer sur les avantages qu'ils peuvent retirer de ce précieux tubercule, etc.; que tel était mon but; qu'enfin, j'avais lieu de penser que telles étaient aussi les intentions de la Société d'agriculture.

Mais, je le dis avec peine, M. le Préfet, il est déplorable de voir quelques Sociétés, créées pour porter la lumière où elle manque, la laisser éteindre ou obscurcir par des influences occultes qui agissent dans un but d'intérêt personnel.

Lorsqu'un corps est susceptible d'être arrêté dans son action par de semblables impressions, ce sera toujours commettre une grande inconséquence, à ses yeux ou à ceux des intéressés, que de signaler à l'administration les abus qui sont exercés par ces exploitants, et d'indiquer aux cultivateurs ou autres tout le parti qu'ils peuvent tirer de certains produits, en les transformant en matières commerciales, qui viendraient faire concurrence et dérangeraient les calculs et le mode d'exploitation que ces industriels influents exercent principalement sur la malheureuse agriculture.

S'il m'accuse injustement de mauvais vouloir, M. le Rapporteur me donne le droit de l'accuser de mensonge et de mauvaises intentions; le mensonge, j'en ai établi les preuves, j'attends qu'on les contredise.

La mauvaise intention, je la trouve dans le mensonge employé pour surprendre la religion d'un honorable magistrat, et pour tromper plus tard le public sur la valeur du projet, en disant que, *malgré les instances de la Commission*, je n'ai donné *aucune réponse satisfaisante;* car c'est donner à entendre à M. le Préfet que ce que j'ai avancé dans mon Mémoire repose sur des bases fausses ou erronées, puisque je me suis refusé à en donner des explications.

Il eut été, ce me semble, plus loyal de faire de ce Mémoire une critique sévère, que d'employer le mensonge pour chercher à le faire tomber dans l'oubli, ou pour en paralyser l'action.

Je remercie d'autant plus M. le Rapporteur d'avoir confirmé par lui-même la justesse de l'épigraphe écrite en tête de mon Mémoire (*La vérité est l'écueil de l'ignorance ou de la mauvaise foi*), que j'étais loin de m'attendre qu'il en justifierait toute la signification.

Voilà :

Monsieur le Préfet,

La réponse que je devais à la vérité, que je devais au respect et à la dignité de MM. les membres de la Société d'agriculture qui ne partagent pas les opinions d'économie agricole de M. le Rapporteur, ou qui ignorent tous les incidents et les motifs ayant pu donner lieu au rapport qui vous a été fait.

Agréez, je vous prie, monsieur le Préfet, etc.

TRÉBOUL.

Beaune, ce   août 1852.

INTRODUCTION.

Que de découvertes non utilisées! que de procédés simples délaissés! Que de matières premières abandonnées et perdues! Que de plantes négligées, dont les applications s'oblitèrent dans le tourbillon des inventions et des industries!

Tout cela passe avec une telle rapidité, que l'on ne sait souvent pas mettre à profit les choses les plus vulgaires, les plus utiles, parce qu'on est toujours entraîné par le merveilleux; parce que l'homme est la machine idéologue jetée sur la terre pour servir de véhicule à toutes choses, tant en raison de son organisation que de la puissance du fluide animal que lui a communiqué le Créateur universel.

Arrêtons là notre digression pour arriver à notre but, celui de fixer l'attention de nos lecteurs et de justifier le titre de la brochure que nous présentons comme spécimen d'un livre que nous publierons incessamment sous le titre de : *Guide de tout le monde à l'égard de la pomme de terre.*

C'est avec une conviction intime, acquise par une longue expérience des manipulations exercées dans les industries qui se rattachent aux produits agricoles, et spécialement à l'utilisation de la pomme de terre, que nous apportons le fruit d'un travail consciencieux au développement d'une industrie négligée, trop concentrée, et qui même, considérablement étendue et disséminée, portera l'aisance et la prospérité dans les contrées qui en ont le plus pressant besoin.

Nous publions ce travail pour éclairer les propriétaires et les cultivateurs sur leurs véritables intérêts, parce que nous ne sommes pas de ceux qui prétendent qu'on ne peut pas être producteur de matières premières et manufacturier en même temps; tout au contraire. Nous pensons que si le cultivateur fabrique de la viande (nouscroyons cette expression logique), il doit se livrer à la fabrication des produits qui lui faciliteront de nourrir un plus grand nombre de bestiaux; or, la fabrication de la fécule est dans ce cas, elle vient combler les lacunes que ne peut pas atteindre la fabrication du sucre de betterave, dont on ne saurait contester l'utilité en agriculture pour augmenter les engrais.

On admet bien qu'au moyen de cette industrie annexée à une exploitation agricole, on produit plus de céréales, dans la proportion des engrais que fournit la betterave; mais il faut admettre aussi que ce sont les meilleures terres que l'on consacre à la culture de cette racine.

La pomme de terre, au contraire, se contente des pauvres terres à seigle, dont elle peut tripler le revenu par le travail des tubercules qui y sont cultivés.

Ces tubercules sont non-seulement utiles à l'agriculture, en raison des engrais qu'ils peuvent donner dans des proportions égales en quantité et en qualité à ceux que produit la betterave, mais ils doivent encore, l'un et l'autre, être envisagés sous le point de vue économique.

La betterave donne du sucre; voilà son seul et unique produit, parce que nous passons sous silence l'alcool; la pomme de terre possède la même propriété.

Ainsi, la pomme de terre donne tout ce que peut donner la betterave, et celle-ci ne pourra jamais donner tout ce que la pomme de terre peut produire; on pourrait donc se passer de la betterave, tandis que la perte de la solanée serait l'un des plus grands fléaux qui puissent affliger le genre humain.

On ne fera, disons-le hautement, jamais trop pour encourager la production de ce précieux tubercule. Quant à nous, nous voulons amener le cultivateur à être fabricant dans les limites de ses ressources, quelques restreintes qu'elles puissent être; il peut y arriver en suivant la marche que nous lui indiquons, si les propriétaires aisés et les administrations communales veulent s'en occuper. Propriétaires et administrateurs, tous le voudront, parce qu'ils sont intéressés à faciliter les moyens de répandre l'aisance sur tous, et parce que, créer du travail pour ceux qui en ont besoin, c'est centupler les forces vives de la nation.

Comment, messieurs les économistes en agriculture, vous trouvez un problème dans des faits qui s'expliquent d'eux-mêmes! Vous pensez que les petits cultivateurs ne pourraient pas *lutter contre les puissantes machines et les outils perfectionnés* qui sont entre les mains des gros fabricants.

Aux preuves que nous vous avons données dans le Mémoire que vous avait transmis M. le Préfet pour avoir un rapport, nous avons bien d'autres faits à produire.

Ce magistrat y attachait une toute autre importance

que celle que vous y attachez, vous, monsieur le Rapporteur; vous avez réfléchi, vous avez pensé au présent sans vous préoccuper de l'avenir.

Ne pourrions-nous pas vous demander, Monsieur, pourquoi les cultivateurs ne participeraient pas aux avantages que peut leur donner la transformation d'un produit, dont ils peuvent doubler et même tripler la valeur ?

Pourquoi, sans augmenter pour ainsi dire les frais de leur exploitation, ils n'utiliseraient pas à propos un personnel nourri et payé à l'année, dont le peu de rapport est reconnu évident, dans les moments où l'inclémence du temps ou de la saison le retiennent à la ferme?

Si nous joignons à cela les frais de transport de matières aussi pesantes que la pomme de terre, frais qui doivent nécessairement élever son prix, rendue dans les fabriques spéciales, Messieurs nos dissidents seront convaincus que ce que nous avons dit est vrai. Et, s'ils veulent se donner la peine de voir les choses de près, ils acquerreront la certitude que les propriétaires, et même les petits colons partiaires, peuvent non-seulement soutenir la concurrence avec les hauts fabricants, mais qu'ils peuvent encore amener ceux-ci à baisser le prix de la matière fabriquée, et arriver, par ce moyen, à entrer en partage dans les gros bénéfices que donnent les *puissantes machines*, etc. Ces machines et ces outils très-couteux, comme chacun sait, le petit fabricant peut parfaitement s'en passer, puisque, malgré leur emploi, le prix de revient de la fécule est plus élevé que par les moyens simples et primitifs, améliorés de quelques perfectionnements peu couteux que nous indiquons.

Nous avons taxé d'exagération, sans dire plus, cette proposition que l'on nous suppose d'avoir l'*espoir de mettre un ouvrier sans autres ressources que celle de ses bras*, etc.

Voici notre réponse : Nous avons dit aux petits cultivateurs, aux colons partiaires (qui ont non-seulement leurs bras, mais encore des matières premières) : Associez-vous en matières et en main-d'œuvre pour la fabrication de la fécule. Nous leur avons donné ce conseil, parce que le travail personnellement intéressé l'emporte toujours sur celui qui n'est que salarié, et que, dans ce genre d'industrie, deux familles qui fournissent chacune trois individus travaillant en société, travailleront plus utilement que huit ou neuf personnes salariées, employées dans une fabrique, sans autre lien d'intérêt que d'attendre impatiemment l'heure des repas, et d'espérer l'affranchissement de douze heures de travail, qui s'écoulent toujours trop lentement pour elles.

Voilà, Monsieur, pourquoi les petites fabrications de certains produits, et principalement celle dont nous nous occupons, ne peuvent être étouffées par les grandes, et pourquoi ce serait vainement que celles-ci tenteraient de les monopoliser.

Si toutes ces preuves vous paraissent insuffisantes, nous vous en développerons d'autres dans le cours de ce travail.

Eclairer les propriétaires et les cultivateurs sur leur véritable intérêt et sur leur position, sur les moyens de tirer le meilleur parti de leurs terres, et cela principalement dans les contrées peu productives en céréales;

Attirer les bras et les capitaux qui se sont éloignés de l'agriculture, les amener à y rentrer et à y fixer ceux qui tendraient à s'en éloigner;

Donner de l'occupation aux bras inactifs pendant la saison rigoureuse;

Faciliter et indiquer les moyens de créer des petites industries lucratives avec de faibles capitaux;

Répandre l'aisance dans les campagnes, principalement dans les contrées où l'agriculture est arriérée, où les terres sont maigres et d'un faible rapport;

Enfin, prévenir les disettes, en fabricant des produits ou substances alimentaires qui peuvent se conserver indéfiniment sans altération.

Tels sont les motifs qui nous ont déterminé à apporter à tous le tribut de connaissances acquises par une longue expérience, afin de contribuer, le plus qu'il est en nous, au soulagement de tant de souffrances qui pèsent sur la majeure partie des classes laborieuses.

Nous serons satisfait si le but que nous nous sommes proposé d'atteindre a été bien compris.

GUIDE

INDISPENSABLE AU CULTIVATEUR

POUR

TRIPLER LE REVENU DES TERRES.

La vérité est l'écueil de l'ignorance et de la mauvaise foi

CONSIDÉRATION PRÉALABLE

CHAPITRE I.

Nous ne devons nous occuper dans cette brochure que de ce qui peut être applicable à la pomme de terre, afin, soit de créer pour l'extraction de la fécule des industries de famille ou de petites sociétés, soit d'utiliser les résidus de fabrication dans la ferme ou de toute autre manière.

Nous traiterons, dans l'ouvrage déjà annoncé, de la pomme de terre dans toutes ses applications dans l'économie animale, de la fabrication, de l'emploi de tous les produits qui peuvent dériver de ce tubercule.

La culture de la pomme de terre est trop négligée, l'on n'y attache pas assez d'importance; plus les besoins augmentent, plus cette plante devient rare et chère.

Aussi le prix de la fécule se maintient-il à des cours toujours élevés, toujours croissants, au point qu'il n'y a plus de proportion entre le prix de la pomme de terre et celui de la fécule, d'où il résulte que cette hausse ne profite qu'au fabricant.

Il ne s'agit, pour se convaincre que l'équilibre est totalement rompu entre le prix de la matière première et celui de la matière fabriquée, que de comparer les prix actuels avec ceux qui existaient il y a vingt ans.

A cette époque un tonneau de pommes de terre, du poids d'environ 185 kilog., coûtait, lors de la récolte, de 3 fr. 50 à 4 fr. 50, et la fécule se vendait de 18 à 20 fr. les 100 kilog.

Le prix moyen du même tonneau de tubercules, depuis dix ans, au moment de la récolte, est de 4 fr. 50 à 5 fr. 50 c., et le prix de la fécule est de 30 à 35 fr. les 100 kilog. Ce prix a dépassé 50 fr. dans plusieurs circonstances, et il est aujourd'hui, mai 1852, à 45 fr.

Ainsi, sans avoir égard à ces hausses considérables, nous voyons que le prix de la pomme de terre est comme 4 est à 5, et celui de la fécule comme 19 est à 32 50.

Or, de deux choses l'une : ou le fabricant perdait il y a vingt ans, ou celui d'aujourd'hui gagne considérablement.

Voyons maintenant s'il peut être avantageux au cultivateur de récolter de la pomme de terre, et si la fabrication de la fécule peut lui être utile.

Nous prendrons pour point de comparaison le produit des terres maigres des montagnes; dans ces terres à seigle, l'on obtient en moyenne environ 15 hectolitres de grain, soit, par journal (1/3 d'hectare), 25 doubles-décalitres, que nous estimons 2 fr. 50 c. l'un, ensemble soixante-deux francs cinquante centimes, ci. 62 50

Nous portons le produit de cette même surface de terre, de même qualité, à 25 tonneaux de pommes de terre, soit environ 3 tonneaux et 1/3 par ouvrée (1/24 d'hectare). Ces 25 tonneaux, à 5 fr. l'un, donnent cent vingt-cinq francs, ci. 125

Le produit en argent sera donc double en pomme de terre de ce qu'il eût été en seigle.

CHAPITRE II.

Tout le monde connaît la pomme de terre, mais peu de personnes connaissent toutes les applications dont elle est susceptible, et tout le parti que l'on peut en tirer dans l'économie animale et dans les arts.

Tous les cultivateurs savent que la pomme de terre est d'un plus grand rapport que les céréales. Nous aurions donc pu nous dispenser de leur démontrer ce qu'ils connaissent; mais cet exposé nous était utile, parce qu'il doit nous servir à établir la moyenne du rendement en argent d'un journal de terre, dont le produit serait fabriqué en fécule.

Les cultivateurs savent aussi que s'ils donnaient à la culture de la pomme de terre toute l'extension dont elle est susceptible, ils se trouveraient très-embarrassés de leur récolte, n'ayant d'autres débouchés que les marchés des villes populeuses, qui ne sont pas toujours un écoulement certain, et qui, presque toujours, sont trop éloignés des lieux de production, ce qui fait que les frais de transport absorbent une grande partie de la valeur réelle de la pomme de terre.

Il en serait tout autrement si ce produit était consommé dans la ferme, en augmentant ses engrais.

Mais comment arriver à cette application, la plus utile dans l'intérêt général et principalement dans celui de l'agriculture, si celle-ci manque des capitaux nécessaires pour acheter un nombre de bestiaux proportionné à la quantité de matières à consommer? Voilà la difficulté qu'il faut surmonter, surtout pour la petite agriculture; elle est forcée d'abandonner ou de restreindre la culture de la pomme de terre qui lui serait le plus profitable. Voilà ce qui l'empêche de progresser; voilà sa perte.

C'est pour obvier à tous ces inconvénients, à ces difficultés, à ces prétendues impossibilités et à ces pertes, que nous dirons aux petits propriétaires, aux métayers, aux travailleurs :

« Unissez-vous les uns les autres dans l'œuvre qui doit vous faire sortir de l'état précaire causé par l'impuissance individuelle. Plantez et cultivez de la pomme de terre; associez-vous pour faire de la fécule. »

C'est au nom de l'humanité, de la charité et de l'intérêt de tous, que nous conjurons les Conseils communaux, les Comices agricoles et les propriétaires aisés, d'employer leurs conseils, leur influence, leur savoir-faire, et de réunir quelques faibles capitaux afin de créer des petites féculeries banales ou facilement transportables, avec lesquelles chaque propriétaire ou cultivateur pourrait travailler sa pomme de terre ou l'apporter en société, comme cela se pratique en Suisse à l'égard du lait dans la fabrication des fromages.

Dans tout état de choses, l'avance qui serait

faite pour ce petit mobilier serait promptement couverte par une faible rétribution ou un prélèvement en nature sur la matière brute ou fabriquée. Par ce moyen, la commune se trouverait dotée d'un établissement qui, tout en rendant de grands services aux habitants, augmenterait les ressources de son budget.

L'abondance naîtrait dans beaucoup de localités qui en ont le plus pressant besoin, et on entrerait par cette voie dans un bon mode de culture, en enrichissant la terre avec les engrais que procure la consommation des résidus de fabrication.

Nous nous sommes suffisamment expliqué pour faire comprendre au cultivateur que, vendre les produits qui peuvent se consommer dans la ferme, c'est toujours commettre une grande faute en agriculture. Nous n'en exceptons que les grains des céréales, à moins que cette exploitation ne se trouve dans l'une de ces contrées dont les terres sont si riches en humus, que l'on est forcé d'y cultiver des plantes énervantes pendant plusieurs années de suite, pour modérer la force de la végétation; telles sont la Limagne d'Auvergne, et quelques localités assez rares en France, où l'on peut faire de bonnes récoltes successives de céréales sans le secours d'engrais.

Il ne peut donc y avoir que le fermier à bail de courte échéance qui puisse se déterminer à vendre le produit de ses terres, récoltes sarclées, et à plus forte raison ses pailles et fourrages, car il creuserait sa ruine et celle du domaine qu'il exploite.

Ainsi, pour qu'un agriculteur puisse faire des marchés à livrer de grandes quantités de pommes de terre, il faut qu'il ait par devers lui les moyens de remplacer, par des engrais, les matières qui devaient lui en procurer étant consommées sur son exploitation.

Donc, si le sol qu'il exploite est favorable à la production d'une bonne qualité de pomme de terre, le cultivateur doit profiter de sa bonne possession pour créer une féculerie, qui triplera le revenu des terres les plus légères et les moins riches.

CHAPITRE III.

Extraction de la fécule.

L'extraction de la fécule se réduit à quatre opérations :

1° Laver les pommes de terre; 2° les raper; 3° laver la pulpe pour en séparer la fécule, puis laver celle-ci; 4° enfin, la faire sécher, la mettre en sacs et l'expédier.

Les moyens à employer pour chacune de ces opérations peuvent être modifiés ainsi qu'il suit :

1° Le lavage des tubercules se fait dans un cuvier ordinaire muni d'un double fond percé, pour laisser passer le gravier et la terre détrempée; les pommes de terre y sont agitées avec un vieux balai et retirées avec une pelle en bois;

2° Le rapage, qui se fait à la vapeur, ou par un cours d'eau ou un manége, peut facilement se faire à bras;

3° Le lavage des pulpes, pour en extraire la fécule, se fait à la main, dans des tamis ronds; ils remplacent avantageusement les cylindres et autres moyens mécaniques, dont le rendement est de 2 pour 100 moins élevé que par le tamisage à la main.

Lorsque la fécule est déposée dans les vases, on lui donne encore deux lavages, ayant soin d'enlever chaque fois toutes les saletés avec une racloire en fer blanc; puis on enlève la fécule pour la faire égoutter dans des paniers ou des vases en bois percésgarnis de toile; le lendemain, on peut l'étendre pour la faire sécher.

4° La dessication de la fécule se fait, soit à l'air, soit dans une chambre servant d'étuve, où on pose des tablettes sur lesquelles on a étendu la fécule. Ces tablettes sont en bois blanc, et formées de liteaux recouverts d'une toile commune; elles auront 1 mètre 35 centimètres de longueur sur 65 centimètres de largeur, avec un rebord de 3 centimètres de hauteur.

Il sera cloué aux quatre angles un pied en bois

de 15 à 20 centimètres de hauteur pour déterminer l'isolement des chassis, qui seront superposés en piles, de manière que l'air y circule librement.

On posera, dans la pièce qui doit servir d'étuve, un poêle, dont la porte sera en-dehors, afin d'éviter la fumée et les cendres volatiles qui tacheraient la fécule.

Ce système de séchage est d'autant plus commode, que toutes chambres ou cabinets peuvent servir d'étuve; que les chassis peuvent être transportés et mis dehors par un beau temps, ou sous un hangar ou dans un grenier en temps de pluie.

Nous avons cru devoir nous étendre assez longuement sur cette dernière opération, parce que c'est celle qui paraîtrait présenter le plus de difficultés que nous avons voulu faire disparaître en développant le mode dans toute sa simplicité, et tel que nous l'avons employé avec succès.

On voit qu'un mobilier aussi simplement ordonné peut facilement se transporter à peu de frais d'un lieu à un autre.

Avec une rape à bras, deux hommes relayés par un troisième, c'est-à-dire, passant alternativement de la rape aux tamis qui sont desservis par deux femmes, on peut raper 3,000 kilogrammes de pommes de terre par jour, en 12 heures de travail. Cette même rape, mue par un manége à un seul cheval, peut raper 7,000 kilogrammes par jour.

CHAPITRE IV.

Détail du prix d'un mobilier pour travailler 3,000 kilog. de pomme de terre par jour.

Une rape en fonte garnie de lames de scies, volet de pression, couloirs et manivelles. Elle est montée sur un fort chassis en bois dur; estimée cent cinquante francs, ci.......... 150 fr.

On trouve dans les fermes ou dans les ménages des vieux tonneaux, cuveaux ou cuviers; mais nous portons soixante francs pour en acheter, ci.... 60

Trois tamis garnis de toile métallique, estimés l'un treize francs, ci... 40

Quatre-vingts chassis pour étendre la fécule et la faire sécher, estimés l'un 2 fr. 50 c., valent deux cents fr., ci.. 200

Un poêle et des tuyaux estimés cinquante francs, ci.................. 50

Total du mobilier, cinq cents francs, ci.............................. 500

Avant de passer aux détails des frais de fabrication, il est utile de bien connaître la qualité des pommes de terre que l'on doit employer.

La pomme de terre jaune, dite de Hollande, dont la peau est un peu rude, la forme un peu aplatie, les yeux gros et rares, est la meilleure à cultiver pour la féculerie. Il faut semer la moitié de son terrain en pommes de terre hatives, et l'autre moitié en pommes de terre tardives, afin de commencer le rapage de bonne heure, si les autres travaux ne s'y opposent pas, et pouvoir le continuer ou le prolonger jusqu'au mois d'avril, si l'on craignait de manquer de fourrage vers cette époque, les résidus étant d'un grand secours pour la ferme; c'est d'ailleurs l'intelligence du cultivateur qui doit être son guide à cet égard.

Lorsque la pomme de terre provient d'un terrain sec et sableux, sur les côtes des montagnes, à une bonne exposition, elle contient jusqu'à 28 p. 100 de matières sèches; elle est moins riche dans la même nature de terre située en plaine, surtout lorsque celle-ci est trop humide; mais il est rare que dans une semblable exposition, lorsque le terrain est assaini, la pomme de terre que nous avons désignée ne contienne pas 25 à 26 pour 100 de matières sèches. Cette richesse serait considérablement diminuée si l'on cultivait ce tubercule dans un terrain fort, riche en humus, bas, froid et humide. On voit qu'il n'est pas indifférent de bien choisir la nature et l'exposition du sol, pour que la pomme de terre soit de bonne qualité et qu'elle puisse se bien conserver. Voilà pourquoi nous disons que les féculeries doivent principalement être établies dans les montagnes où les terres ont le moins de valeur.

La fécule varie tellement dans la grosseur de ses grains dans le même tubercule; il en est si abondamment pourvu; ils y sont tellement disséminés dans le tissu du parenchyme, que la pulpe proprement dite, ou le tissu cellulaire qui sert d'enveloppe à la fécule, et la peau qui en forme l'écorce, ne représentent au plus que 3 p. 100 de matières sèches dans presque toutes les variétés de la pomme de terre; le reste se compose de la fécule et de l'eau de végétation.

Deux moyens sont ordinairement employés pour connaître la richesse de la pomme de terre; mais ils sont longs et minutieux. Nous les remplaçons par un procédé simple, pour lequel nous allons demander un brevet d'invention.

Nous nous proposons de céder gratis le privilége de l'employer à chaque commune du département de la Côte-d'Or qui fondera une féculerie banale, et à chaque petit fermier ou toutes autres personnes qui travailleraient la pomme de terre à bras, en société ou en famille.

CHAPITRE V.

Nous connaissons la valeur de la pomme de terre que nous avons récoltée ou achetée, voyons maintenant les résultats que nous avons lieu d'espérer de son travail.

Il a été jusqu'ici impossible d'obtenir mécaniquement la séparation totale de la fécule retenue par la pulpe. On est bien arrivé à raper de grandes quantités par jour, mais on a diminué le rendement en fécule, puisque les procédés rapides ne donnent, en moyenne, que 16 p. 100 de fécule, tandis que par les moyens simples et primitifs, la même qualité de tubercule donne 18 p. 100. Ainsi, outre l'avantage d'employer des bras qui en ont besoin, l'on a de meilleurs et plus positifs résultats, en ce que cette augmentation de personnel, qui paraîtrait considérable pour une grande féculerie, se trouve largement couverte, avec un beau bénéfice en sus, par l'excédant de rendement en fécule.

Nous ne pouvons entrer ici dans tous les détails des causes nombreuses qui produisent cette différence de rendement; nous leur donnerons tous les développements qu'elles méritent dans l'ouvrage que nous avons annoncé; nous ne voulons nous appuyer ici que sur les faits les plus saillants, pour être compris de tout le monde.

Nous prendrons donc pour base du rendement la richesse moyenne de la pomme de terre ordinairement employée à la fabrication de la fécule, soit 25 p. 100 de matières sèches que contient le tubercule.

Savoir : en fécule	22	25 p. 100
en tissus cellulaires et écorce.............	3	
en eau de végétation...	75	
Total.........	100	

Nous avons dit que la rape à bras pouvait raper 3,000 kilogrammes en 12 heures de travail, mais il faut que nos ouvriers aient le temps de préparer et laver les tubercules, puis de donner les lavages nécessaires à la dessication de la fécule, et enfin disposer celle-ci sur les chassis, etc. C'est pourquoi nous ne porterons le rapage qu'à 2,000 kilog. par jour, c'est-à-dire, aux deux tiers de la journée; le reste du temps sera employé aux autres opérations.

CHAPITRE VI.

Détail des frais de fabrication pour traiter à bras 2,000 kilog de pomme de terre par jour.

Deux mille kilogrammes de pommes de terre à 2 fr. 70 c..........................	54 fr.	»
Trois hommes à 2 fr. par jour....	6	»
Deux femmes à 1 fr...............	2	»
Frais de dessication en combustible, à 70 c. par 100 kilog. de fécule, pour 360 kilog.....................	2	50
Loyer et entretien, par jour.......	2	»

Emballage de la fécule, 1 fr. par 100 kilog. 3 50

Total de la dépense, soixante-dix francs, ci .... 70 »

Deux mille kilog. de pommes de terre, à 18 p. 100 de fécule, donnent 360 kilog., à 27 fr. les 100 kilog. emballés, et valent........ 97 fr. 20

Produit en pulpe égouttée, consommée dans la ferme, 417 kilog., à 70 c. les 100 kilog. 2 80

Total du produit, cent francs, ci... 100 »

Produits.

Le bénéfice journalier de cette petite fabrication sera donc de trente francs.

Ainsi, l'on voit que si les cinq personnes qui ont travaillé se sont associées en matières et en main d'œuvre, la journée de chaque homme ressortira à 7 fr., savoir :

21 fr. à partager entre trois, ci..... 7 fr. »

Plus 2 fr. passés en dépenses de fabrication, ci .... 2 »

Total, bénéfice brut pour chaque homme .... 9 »

Il reste 9 fr. à partager entre les deux femmes,

soit pour chacune d'elles quatre francs cinquante centimes, ci. . . . . 4 fr. 50

Plus 1 f. passé en frais de fabrication. 1 »

Total, bénéfice brut pour chaque femme 5 50

Nous devons nous attendre à ce que beaucoup de gens, et principalement les fabricants de fécule, qui redoutent la concurrence qu'ils ne pourraient vaincre, s'écrieront à l'impossibilité! à l'utopie! car c'est toujours ce qui arrive lorsqu'on déchire le voile qui couvre certaines opérations que l'on est intéressé à tenir dans l'ombre. Mais dans un siècle de lumière, comme on le dit, il faut que les plus aveugles soient éclairés; c'est ce qui nous a inspiré cette épigraphe, que nous remettons sous les yeux du lecteur : *La vérité est l'écueil de l'ignorance ou de la mauvaise foi.*

Il nous sera aussi facile de le prouver qu'il nous l'a été de le démontrer.

En effet, dans l'état actuel des choses, le haut prix de la fécule doit se prolonger encore longtemps, puisque depuis plus de dix ans ce prix est entre 30 à 35 fr. les 100 kilog., qu'il est aujourd'hui à 45 fr., et que, dans plusieurs circonstances, il a atteint et dépassé 60 fr.

Nous aurions donc pu prendre pour base du prix moyen de la fécule celui de 36 fr., mais nous ne l'avons porté qu'à 27 fr. les 100 kilog. emballés; ainsi, il nous eut été facile, sans choquer les susceptibilités, d'augmenter la somme des bénéfices à partager de la somme de trente-deux francs cinquante centimes.

Mais nous avons voulu être large en concessions, afin d'être toujours en garde contre les éventualités. Les chiffres qui nous ont servi de base, soit à l'égard des dépenses, soit à l'égard des produits, ne reposent pas sur des hypothèses, mais bien sur des faits positifs.

CHAPITRE VII.

Nous avons vu au Chapitre Ier qu'un journal de terre maigre, cultivé en seigle, donne brut	62 f.	50
Qu'en le cultivant en pommes de terre, qui seraient vendues au-dehors, il donnerait........................	125	«
Mais si le produit en pommes de terre de ce journal était travaillé en fécule on aurait, pour 25 tonneaux, 836 kilog. de fécule, à vingt-sept francs, ci........................	226 fr.	12
En pulpe égouttée..................	4	90
	231	02
Dont il faut défalquer, pour frais de fabrication, emballage, etc., environ trente-un francs, ci...........	31	«

Restent deux cents francs par journal, ci. 200 fr. »

Occupons-nous maintenant des résidus ou pulpes dont nous avons déjà parlé, sans développer toute leur richesse ; elle intéresse assez le cultivateur pour que nous la lui fassions bien connaître.

Nous avons vu au Chapitre IV que la pomme de terre jaune contient 25 p. 100 de matières sèches, dont 22 p. 100 de fécule et 3 p. 100 de tissus cellulaires et écorce ; mais nous n'avons extrait que 18 p. 100 de fécule, il en reste donc 4 dans la pulpe.

Comme il faut faire passer à la rape 600 kilog. de tubercule, pour obtenir 100 kilog. de pulpe égouttée pendant 24 heures, il résulte que 100 kil. de pulpe ont retenu 24 kil. de fécule, ci. 24 k.

Plus, 18 kil. de parenchyme et écorce, le tout considéré à l'état sec, ci 18

Total de la matière sèche et nutritive. . 42 k.

Donc 100 kilog. de pulpe égouttée sont plus riches en matières sèches et nutritives, que 100 kilog. de bonne pomme de terre non rapée, puisque celle-ci n'en contient que 25 kilog., ci. . . 25 k.

La différence en poids est donc de 17

Poids égal à celui de la pulpe . . . . 42 k.

Conservation et emploi de la pulpe.

La pulpe de pomme de terre se conserve comme

celle de betterave ; on la tasse dans des cuves ou dans des silos creusés en terre, recouverts de paille et de terre bien battue à la pelle, afin de la préserver de la pluie et du contact de l'air qui la détériorent ; on peut la conserver ainsi pendant 8 à 10 mois, sans altération qui puisse l'empêcher d'être consommée par le bétail, si l'on a soin de bien boucher l'ouverture ou le trou par lequel on la prend chaque jour.

Ainsi conservée, la pulpe contracte une saveur aigrelette qui la fait rechercher par les bêtes à cornes et par les moutons ; si quelques-uns de ces animaux la refusaient, on les y habituera promptement en la saupoudrant de sel dans les commencements.

Cuite dans l'eau, la pulpe est consommée par les porcs, la volaille ; elle engraisse et produit la lactation dans les mammifères.

L'on peut faire sécher la pulpe après l'avoir fortement pressée, et en l'étendant sur une touraille comme celle des brasseries. Lorsqu'elle est sèche, on peut la faire moudre, et on en obtient de la fleur, des recoupes et du son : ces deux derniers produits ont l'aspect de ceux des céréales.

On peut les employer pour faire des eaux blanches ; mais il faut, dans ce cas, que l'eau soit bouillante, afin de faire crever ou dissoudre les grains de fécule qui forment un empois, donnent de la consistance au liquide, et développent ses propriétés nutritives.

La fleur de pulpe, mélangée à la pâte de seigle, améliore la qualité du pain, en lui enlevant ou en neutralisant en partie ce caractère glutineux ou gommeux que l'on reconnait dans le pain de seigle. Enfin, ce mélange est sain et rapproche le goût du pain dans lequel il est fait de celui du pain de froment.

On peut aussi mouler la pulpe pour en faire des mottes comme celles des tanneurs; étant sèches, on les brise pour les faire tremper et les donner au bétail, soit crues, soit cuites; elles peuvent encore être moulues, mais les produits de cette mouture n'ont pas un aussi beau coup-d'œil que ce qui a été séché à la touraille.

CHAPITRE VIII.

Abus à l'égard de la maladie.

Si le cultivateur n'a pas à sa disposition une féculerie pour travailler des pommes de terre malades, il est forcé de les jeter sur le fumier, ou de les transporter dans une fabrique quelquefois très-éloignée; celle-ci se prévaut le plus souvent de la mauvaise qualité du produit qui lui est offert et de l'embarras du propriétaire. Le fabricant ne lui offre qu'un prix médiocre, qui le plus souvent équivaut à peine aux frais de transport. Se trouvant entre l'enclume et le marteau, le cultivateur cède nécessairement à l'abus.

Ainsi, il arrive que le féculiste fait un énorme bénéfice aux dépens du malheureux laboureur, qui ne se doute pas que la pomme de terre qui lui a coûté si cher, et qu'il vient de donner pour rien, contient à-peu-près autant de fécule que si elle n'eût pas été attaquée par la maladie; celle-ci ne décompose pas la fécule, qui reste intacte. La perte de la fécule ne peut avoir lieu que par le lavage du tubercule avant son passage à la rape, en ce que l'eau de lavage entraine les parties désagrégées du parenchyme, devenues solubles par la décomposition qu'a produite la maladie.

Toutes les parties malades, mais ayant conservé une certaine solidité, ne peuvent se dissoudre par le lavage; elles offrent le même rendement en fécule, c'est-à-dire, dans la proportion des tubercules ou parties de tubercules passés à la rape.

Tout, on le voit, concourt à prouver l'indispensable nécessité de créer des petites féculeries, soit comme industries de famille, soit comme annexes aux exploitations agricoles, ou enfin comme établissements communaux. C'est là le seul moyen de relever le moral des cultivateurs, inquiets sur les effets de la maladie qui frappe la pomme de terre. Au contraire, si, loin de rassurer l'agriculture sur un mal passager, l'on continuait à la décourager de cultiver ce précieux tubercule, donné par la Providence comme sauve-garde contre les disettes, ce serait accroître le mal.

Ces petites exploitations ne peuvent réciproquement se faire des concurrences nuisibles, et, quoi qu'il arrive, elles seront toujours d'un immense avantage pour le petit comme pour le grand cultivateur qui exploiteront par eux-mêmes. Le monopole de cette industrie est impossible, parce qu'elle est à la portée de toutes les positions, contrairement à la fabrication du sucre, qu'il est si facile de monopoliser, en raison des énormes capitaux qu'elle exige, ce qui a été et sera toujours un obstacle à son introduction comme annexe aux petites exploitations agricoles.

CHAPITRE IX.

Complément de preuves.

Nous n'avons pas cru devoir nous en tenir aux preuves évidentes que nous avons déjà données sur l'utilité de multiplier les féculeries pour satisfaire aux besoins des industries et du commerce, qui manquent de fécule, ou qui la paient à un prix excessif, tout à l'avantage du fabricant.

Trois ou quatre féculeries existent dans la Côte-d'Or; et, bien que ces établissements ne se trouvent pas convenablement placés pour s'alimenter selon leur importance, bien qu'ils travaillent peu de temps chaque année, malgré les sommes énormes qu'ils ont coûté en constructions et en matériel mobilier, cependant ils font des bénéfices.

Nous ne pouvons pas marcher, disent-ils; la pomme de terre nous manque.

La pomme de terre vous manque! mais, c'est vous qui l'avez fait manquer; vous avez perdu la confiance du cultivateur; vous l'avez dégoûté de cette culture, en lui offrant 3 fr. 50 c. à 4 fr. d'un tonneau de pomme de terre, quand le haut prix de la fécule vous permettait de la payer 7 à 8 fr.

Vous, vous connaissez, mais les vendeurs connaissent aussi votre mesure et votre manière de mesurer; pensez-vous que toutes vos taquineries puissent vous favoriser pour contracter des marchés à livrer? Non! non! vous vous y êtes mal pris, et vous vous êtes fait un mal irréparable.

Mal d'autant plus grand que les parties sont en présence, qu'elles se croisent les bras, pendant que l'industrie et le commerce demandent de la fécule de tous les côtés, et que la pomme de terre, qui devrait être la source intarissable du pauvre, lui coûte autant, si ce n'est plus cher, que le bon pain. C'est parce que le cultivateur, n'ayant aucune garantie d'écoulement certain de ses produits, ne cultive la pomme de terre que pour son usage.

Il ne porte au marché que le faible excédent de sa consommation, insuffisant pour les besoins du public et pour alimenter les fabriques, quoiqu'elles ne travaillent que deux ou trois mois. Si elles eussent eu, au contraire, le bon esprit de s'entendre avec les cultivateurs, qui n'auraient pas mieux demandé, les féculeries auraient pu travailler pendant sept à huit mois, et les marchés seraient bien approvisionnés.

C'est ainsi que cela se passe dans le département de la Seine, grand centre de la fabrication de la fécule, qui n'a cependant pas d'influence contraire à l'approvisionnement de Paris à l'égard de la pomme de terre; ce tubercule y est toujours à un prix accessible aux malheureux, parce que la production est en rapport avec la consommation.

Il serait d'autant plus facile d'établir en province un égal rapport entre la production et la consommation, que dans un gouffre comme Paris, qui, malgré son énorme consommation, fait encore des exportations considérables de pommes de terre à l'étranger.

Que répondre d'après cela aux plaintes des fabricants de la province, qui ne peuvent comprendre comment les féculeries de Paris se soutiennent, en payant tout plus cher et en vendant à meilleur marché qu'eux, qui sont ou qui devraient être dans les meilleures conditions.

Ou vous ne savez pas faire, ou vous voulez trop gagner, car il faut que les bénéfices que vous faites sur votre courte fabrication soient considérables, puisqu'ils vous permettent de travailler pour ainsi dire en amateurs; puisque dans deux ou trois mois de travail vous réalisez des bénéfices qui vous encouragent à continuer sur les mêmes errements, c'est-à-dire, à paralyser la production de la pomme de terre sans le vouloir, et à maintenir le haut prix de la fécule sans le savoir peut-être.

Le voici : nous allons vous l'apprendre.

C'est parce que le cultivateur croit, et l'on emploie tous les moyens pour accréditer cette croyance, qu'il est impossible de faire de la fécule avec bénéfice, sans le secours de *puissantes machines et d'outils perfectionnés* et très-coûteux. C'est parce qu'il croit que cette fabrication exigerait de sa part non-seulement de grands capitaux, mais encore des connaissances de manipulations assez difficiles pour s'y livrer utilement, et que, la marchandise étant fabriquée, il serait très-embarrassé pour en trouver l'écoulement.

Les détails que nous avons donnés aux articles *Mobilier* et *Fabrication* ont levé, nous le pensons, les premiers doutes.

Quant aux seconds (les débouchés), le prix de revient et le cours de la fécule sont, suivant nous, péremptoires.

L'industrie et le commerce ne peuvent ni l'un ni l'autre compter sur vous, grandes féculeries, pour combler le déficit, parce que vous avez fait vos preuves, et qu'à l'encontre des industries qui progressent dans l'intérêt général, en faisant participer le public aux avantages que procurent les *puissantes machines,* votre progrès est rétrograde, puisque plus vous progressez, plus vos matières fabriquées sont rares et chères.

Il faut que l'industrie et le commerce s'adressent à celui qu'ils croient pouvoir fabriquer normalement les matières dont ils ont besoin.

Il faut qu'ils s'adressent au cultivateur, parce que lui seul a tous les éléments de production : la terre d'où sortent la majeure partie les capitaux, et des bras fortifiés par le travail.

Vous le voyez, tous ces éléments sont en mains sûres, dans celles du laboureur; il peut imposer à la féculerie des conditions auxquelles il faut que celle-ci se soumette, c'est-à-dire, lui accorder une modeste place, qui appartient de droit au cultivateur, dans une industrie dont on s'est emparé pour amaigrir ses champs. On ne peut disconvenir, en effet, que tous les résidus de fabrication dont les féculistes ne savent que faire, pas même du bon fumier, seraient employés dans la ferme à nourrir du bétail qui diminuerait le prix de revient de la fécule, parce que le cultivateur intelligent sait tout utiliser

Nous avons vu que, par le rapport qui a été fait à M. le Préfet, l'on demande l'*indication de débouchés suffisants pour assurer au laboureur le placement avantageux d'un nouveau produit qui étendrait le champ de son industrie.*

Nous avons déjà bien ébauché la réponse ; il nous sera facile de la compléter.

D'abord, si, pour certains agriculteurs, la fécule est un nouveau produit, il n'en est pas de même pour la science, l'industrie et le commerce ; les expériences en sont faites. Donc la fécule n'est pas dans la classe des produits d'un écoulement incertain et sujet aux fluctuations du caprice ou de la mode ; la fécule est une matière inaltérable et une sauve-garde contre la disette ; elle est devenue indispensable dans une multitude d'industries, où elle ne pourrait pas être remplacée par d'autres matières.

Oui, nous pouvons affirmer, sans crainte d'être démenti, que les débouchés de la fécule sont ouverts, qu'ils sont immenses, qu'ils ne se fermeront jamais, et qu'ils sont plus que *suffisants*, quand même chaque ferme serait munie d'une rape, ce qui est à désirer dans l'intérêt général et principalement dans celui de l'agriculture.

Le placement avantageux! Peut-on douter que le produit du sol, transformé en matières commerciales sur le sol même, ne soit plus avantageux pour son placement que s'il fallait faire subir aux matières premières des frais de transport pour les travailler ailleurs.

Pourquoi la France ne peut-elle pas lutter avec l'Angleterre pour le prix du fer? C'est parce que l'Angleterre établit ses fourneaux sur les deux mines à exploiter : le minerai de fer et la houille, et que la France, à part quelques rares exceptions, est obligée de faire subir à l'une ou à l'autre, et souvent aux deux matières, des frais de transport qui doivent nécessairement augmenter le prix du fer fabriqué. Peut-il en être autrement pour la pomme de terre dont on extrait la fécule. Evidemment non!

Enfin, nous disons qu'il est très-facile d'obtenir un prompt placement de la fécule; elle peut s'expédier tous les jours à des maisons de commerce ou de consignation de Lyon, contre avances de fonds. On trouverait d'ailleurs, dans toutes les petites villes, des marchands épiciers qui se chargeraient de son placement, ou qui achèteraient pour leur compte une marchandise qui est cotée à la halle de Paris et connue sur le marché de Lyon.

Le temps n'est peut-être pas éloigné où le sac de fécule sera transporté dans les marchés des petites villes, et où elle sera achetée par des courtiers chargés d'approvisionner les industries et le commerce.

CHAPITRE X.

Connaissant la position des fabricants de fécule en général, en ce qui touche les moyens employés pour s'alimenter de matières premières, examinons maintenant quelle est celle des fabriques de Bourgogne comparativement à celles de Paris, tant pour le prix de la pomme de terre que pour le mode de mesurage usité.

La setier de Paris contient deux hectolitres ; ainsi, un hectolitre de pomme de terre étant en moyenne de 67 à 68 kilogrammes, un setier ras pèse 135 kilogrammes. Il est bon d'observer que l'on entend par ras, que les tubercules ne doivent dépasser le bord de la mesure que d'un quart ou un tiers au plus de leur diamètre. Tel est le mode de mesurage qui a été arrêté comme légal.

L'usage du tonneau comble, adopté par la Bourgogne, est le comble de l'arbitraire.

Si l'on tient à conserver le tonneau comme mesure, il importe avant tout de rentrer dans la légalité, en mesurant ras, comme on fait à Paris pour le setier. Pour cela nous employerons un tonneau jauge de Bourgogne de 228 litres; il sera défoncé d'un bout et rogné dans sa jablure. Ce tonneau sera du poids d'environ 153 kilogrammes; la mesure ainsi fixée doit faire cesser les prétentions de part et d'autre.

Les mesures ainsi connues, comparons le prix de la pomme de terre à Paris avec celui de la Bourgogne.

Le prix de la pomme de terre ne varie guère à Paris qu'à l'égard des tubercules de fantaisie, culinaires ou de choix.

Le cours de la grosse jaune dite de Hollande, employée dans la féculerie, est de 4 fr. 50 à 5 fr. 50 c. et assez communément à 6 fr. le setier (135 kilog.). Nous prendrons le prix moyen qui est de 5 fr. 35 c. le setier, soit 3 fr. 96 c. les 100 kilogrammes.

Le tonneau comble de Bourgogne est du poids de 180 à 190 kilog., et il dépasse souvent 200 kil. Le poids de ce tonneau, comme moyen des deux premiers poids, est donc de 185 kilog. Le prix de ce tonneau comble est de 4 fr. 50 à 5 fr. 50, lors de la récolte; le prix moyen est donc de 5 fr., soit 2 fr. 70 c. les 100 kilog.

Ainsi, un tonneau de pommes de terre qui se vend 5 fr. en Bourgogne, coûte plus de 7 fr. 30 c. à Paris.

Le tableau ci-après donne le prix comparé de la pomme de terre en Bourgogne et à Paris, afin que l'on puisse juger de la position des fabriques du département de la Seine comparativement avec celles de la Côte-d'Or.

TABLEAU DIFFÉRENTIEL

du prix de la pomme de terre en Bourgogne comparé à celui de Paris.

POIDS.	EN BOURGOGNE, SUIVANT COURS.	A PARIS, suivant cours.	DIFFÉRENCE entre les deux cours.
kil.	fr. c.	fr. c.	fr. c.
185	Un tonneau comble. . . 5 00 »	7 32 60	2 32 60
135	Un setier de Paris . . . 3 64 »	5 35 »	1 71 »
100	Cent kilogrammes. . . . 2 70 »	3 96 »	1 26 »
67 50	Un hectolitre. 1 82 60	2 76 50	85 »
153	Un tonneau ras. 4 13 10	6 05 98	1 92 88

Nous avons cru devoir entrer dans tous ces détails, pour démontrer que, malgré l'incurie qui préside à la fabrication dans le département de la Côte-d'Or, les féculeries font de grands bénéfices.

En effet, outre la matière première, qui est au moins de 40 pour 100 plus chère à Paris, la main-d'œuvre, le combustible, les loyers, les impôts, etc., etc., sont-ils plus élevés en Bourgogne? Evidemment non.

Nous pouvons donc affirmer, sans crainte d'être démenti, que non seulement le département de la Côte-d'Or, mais encore ceux qui l'avoisinent, sont dans les meilleures conditions possibles pour la production de la fécule, en raison de la richesse des pommes de terre de montagne, de leur position topographique et des moyens faciles de transport, qui les mettent en relation directe avec Lyon, l'un des principaux marchés de fécule, sur lequel viennent s'alimenter non-seulement tout le Midi, mais encore l'Espagne, le royaume de Naples et tous les Etats italiens.

Tel est l'état du commerce des fécules, état que nous avons cru devoir présenter pour compléter les preuves nombreuses que nous avons déjà données d'un écoulement prompt et facile des produits de la pomme de terre.

Observations utiles

Cette brochure peut suffire aux personnes qui ont déjà quelques notions de l'industrie des fécules; mais il peut s'en trouver qui, avec le désir de s'y livrer, craindraient de se lancer sans avoir des renseignements positifs sur certains points qu'elles ne comprendraient pas, ou sur la solution de questions que pourrait faire naître la lecture de ce travail, et principalement à l'égard des ustensiles mobiliers et de la manipulation.

Nous nous empresserons de répondre à toutes les questions qui nous seront adressées *franco*.

Toutes les lettres non affranchies ne seront pas reçues.

Ouvrage du même auteur, pour paraître incessamment.

LE GUIDE

DE TOUT LE MONDE

A L'ÉGARD DE LA POMME DE TERRE.

Un volume d'environ 500 pages in-8°, contenant plus de 100 chapitres, avec planches donnant les plans, coupes et élévations de féculeries, siroperies et distilleries, de dessins d'appareils et ustensiles, etc.

Cet ouvrage est divisé en cinq parties spéciales :

La 1re Traite de la culture de la pomme de terre, des moyens de la conserver, des maladies qui l'attaquent, et des moyens de les faire cesser, et enfin de la fabrication de la fécule depuis la plus petite jusqu'à la plus grande échelle.

La 2me De la pomme de terre, de la fécule et de la pulpe employées comme substances alimentaires, seules ou mélangées à d'autres substances.

La 3me De la fécule comme principe sucré, de la fabrication des sirops glucoses; leurs qualités, leurs vices, de la manière de les employer utilement, et enfin, de toutes les applications dont ils sont susceptibles.

La 4me De la fécule comme principe alcoolique, de la fabrication des eaux-de-vies et esprits avec la pomme de terre, avec la fécule et avec les résidus de féculeries.

La 5me Enfin, de l'application de la fécule dans les arts et manufactures, du rôle qu'elle y joue, de la fabrication des gommes, dextrines liquides et solides, de leur application, etc., etc.

www.ingramcontent.com/pod-product-compliance
Ingram Content Group UK Ltd.
Pitfield, Milton Keynes, MK11 3LW, UK
UKHW021520260726
13993UKWH00004B/1780

9 782329 228341